AF603369

CONSIDÉRATIONS

SUR

L'AGRICULTURE

PAR

EM. DUSSOL

PARIS

IMPRIMÉ PAR CHARLES NOBLET

RUE SOUFFLOT, 18.

1861

CONSIDÉRATIONS

SUR

L'AGRICULTURE

La situation agricole de la France commence à se ressentir de difficultés graves et est grosse de conséquences qui seraient en désaccord avec nos aspirations. Je veux essayer de le montrer en peu de mots et d'indiquer le remède que je conçois. Je parlerai d'abord du manque de bêtes de travail pour la grande et la moyenne propriété, et puis de la situation de la petite propriété, de jour en jour plus critique.

DU MANQUE DE BOEUFS DE TRAVAIL.

Depuis un certain nombre d'années, les bœufs de travail ont presque doublé de valeur vénale, tous ceux qui s'intéressent à l'agriculture ont entendu les plaintes que cet état de choses fait naître. Le propriétaire qui achète peut se lasser d'espérer une diminution de prix, car, chaque année, il a à débourser une somme plus forte pour se réatteler. Tantôt on en rejette la cause sur un été trop sec, tantôt sur la consommation qui accapare les jeunes têtes; mais les étés secs ne datent pas de ces dernières années et la consommation bien consultée répondrait qu'elle est obligée de se restreindre devant le prix qu'elle est obligée de payer. En tout cas, on s'accordera sur ce point que la cause de la cherté est dans une disproportion entre la production et la demande tant pour la boucherie que pour le travail. Cette disproportion est-elle accidentelle ou durable? est-il dans la nécessité des choses telles qu'elles sont présentement qu'elle diminue ou qu'elle s'aggrave journellement? Voilà la question.

Il suffira pour y répondre de réfléchir, d'une part, aux besoins croissants des villes, que je dois me borner à mentionner ici, mais qui éveillent tant de sollicitudes; et de jeter, de l'autre, un coup d'œil sur les changements qui se sont effectués depuis vingt ans dans les pratiques agricoles de notre pays.

Combien de propriétaires qui cultivaient leur propriété avec une, deux, trois, quatre paires de bœufs, qui aujourd'hui sont obligés de doubler le chiffre, soit parce qu'ils ne labouraient que légèrement la terre et qu'aujourd'hui, mieux conseillés, ils entreprennent des labours profonds, soit parce qu'ils avaient à côté d'eux des landes, des bruyères, des pâtures de peu de valeur qu'ils transforment peu à peu en terres fertiles, soit encore parce qu'ils employaient les bras de l'homme et que les bras de l'homme étant devenus trop chers pour ce qu'ils produisent ou s'étant détournés de la terre, ils se décident à remplacer la pelle ou le hoyau par la charrue à versoir qui creuse son sillon relativement économique à la suite de quelques rouges bêtes de Salers. Combien de propriétés encore, de moyennes propriétés surtout, n'ont pas opéré cette substitution de la charrue forte à la charrue légère, de la charrue à la pelle, et de combien cette substitution, à mesure qu'elle s'opérera, va-t-elle augmenter chaque année les demandes de bœufs de travail dans les foires de tout un pays !

Nous avons donc, d'un côté, les exigences croissantes de la boucherie que je ne puis qu'indiquer, de l'autre, les exigences non moins pressantes de la culture qui se multiplient à mesure que les bras manquent, que les landes se défrichent, que les labours s'améliorent ; double progression qui ne peut s'arrêter sans qu'il y ait cessation d'amélioration ou même pénurie pour l'alimentation publique. Où la production trouvera-t-elle des ressources pour faire face à ces besoins ? Le renchérissement croissant constate au moins d'immenses difficultés.

En fait, on peut se livrer à l'élève du bétail sur deux sortes de propriété, les propriétés en bonne culture d'un côté, les propriétés cultivées d'une manière insuffisante ou entièrement incultes de l'autre.

Dans les premières l'élève est extrêmement difficile à cause des grands travaux dont les vaches et les veaux ne sont pas capables. Elle est possible cependant Voici, si je juge des autres propriétés par la mienne, à quelles conditions. J'habite un pays fertile, un peu argileux, mais donnant d'abondants et d'excellents fourrages. Pour faire naître et élever des bœufs de grand travail qui feraient tous les labours et vers l'âge de six ans seraient aptes à la boucherie, il faudrait avoir les trois cinquièmes de sa propriété en prairies naturelles ou luzerne (trois cinquièmes qui ne demanderaient aucun travail de bœufs), un cinquième en fourrages annuels ou racines, un cinquième seulement en céréales. Ce calcul, qui ferait peut-être trop bonne part à des velléités d'élever, ne m'a pas été difficile à faire ; j'ai près de la moitié de ma propriété en prairies naturelles. Je comprends par là pourquoi l'élève est et doit rester rare dans les pays où l'on cultive bien. Ce que je dois comprendre aussi, après la plus légère réflexion, c'est que le propriétaire éleveur des terres fertiles ne vend pas de bœufs de travail aux propriétaires voisins, mais vend directement à la boucherie.

Quelle est donc l'autre source plus efficace de production ? L'élève dans les terres incultes ou mal cultivées, l'élève en partie double, telle qu'elle se pratique depuis bien longtemps. Il y a les éleveurs qui font naître et les éleveurs qui font croître. Les premiers travaillent d'une manière insuffisante ou ne travaillent pas, ils font paître leurs vaches maigres sur les plateaux, dans les ajoncs, dans les bruyères, quelquefois dans les pacages qui sont au flanc des montagnes, comme en Auvergne. Quand les veaux ont un ou deux ans, ils les vendent. Les nouveaux éleveurs qui les ont achetés les domptent et les attèlent à de trop minces charrues pour qu'elles soient bien productives. Mais comme les bœufs de travail sont très-chers et que les veaux croissent en dépensant peu, les foires sont bonnes pour ce producteur, seulement ses terres sont mal cultivées.

Chaque mode de production a en lui une certaine élasticité. Celui-ci, sollicité par les transformations agricoles, s'est pendant longtemps développé avec les besoins, et maintenant, arrivant vers son maximum, laisse par le prix exorbitant des bêtes de travail surtout attester son impuissance.

Cependant les pays qui n'élèvent pas, souvent grands producteurs de denrées, doivent augmenter le nombre de leurs bêtes de travail s'ils veulent continuer leur transformation de culture et augmenter leurs progrès. Les pays d'élève, d'un autre côté, ne peuvent élever et vendre qu'à la condition qu'ils cultiveront mal la terre ; ceux qui font croître, parce que les veaux sont incapables de grands travaux ; ceux qui font naître, parce que, pour mieux cultiver, ils devraient garder leurs veaux jusqu'à ce qu'ils auraient atteint tout leur développement, et que dès lors ils devraient réduire considérablement le nombre de leurs têtes de bétail et vendre directement à la boucherie, une amélioration de culture permettant presque toujours l'engraissement. S'il en est ainsi, le manque de bœufs ne frappera pas seulement le consommateur de viande et le propriétaire, mais encore et prochainement et progressivement tous ceux qui achètent le pain, à mesure que la population croîtra en besoin et en nombre, et que l'agriculture, par insuffisance de bœufs de travail et par nécessité de les produire, restera stationnaire.

Heureusement, une nouvelle force autrement infatigable et puissante que nos bêtes de trait va être à notre disposition. Un nouvel agent de travail se complète et se perfectionne précisément au moment où il est devenu nécessaire, et il pourra ouvrir à l'agriculture, dans l'impasse où, après des progrès relatifs, elle s'enfonce journellement, les portes de l'avenir et les perspectives d'un immense progrès.

DE LA PETITE PROPRIÉTÉ.

Le petit propriétaire surtout a besoin que ce nouvel agent de travail soit mis à sa portée.

On peut faire une division en deux classes de la petite propriété : la petite propriété des pays vastes, peu fertiles, peu ou pas cultivés, la petite propriété des terres étroites, morcelées, fertiles, fortes en général, et chèrement mais assez profondément remuées.

La première habite quelquefois sous la tuile, souvent sous le chaume. Dans la maison ou attenant à la maison est une étable qui abrite une chèvre, un ou quelques cochons, quelques brebis maigres, quelquefois une ânesse et son poulain, ou, au moment des semences, une paire de veaux qui mangent plus de bruyères et de feuilles d'arbre que de succulent fourrage. Autour, la propriété est plus ou moins étendue selon que la terre est plus ou moins infertile. La charrue qui doit la travailler une fois l'an est à l'abri quelque part, peut-être entre les poutres de l'étable, car elle n'a pas le poids utile de nos défonceuses. En bien des pays au moins, elle n'a pas de versoir et fend la terre sans la retourner. A cause de son origine elle a gardé le nom d'Araire Romaine; on voit que nous ne sommes pas dans les nouveautés. Hélas! ce n'est pas seulement par routine que nous n'y sommes pas.

Quand la propriété est d'assez bonne qualité pour donner, étant exploitée ainsi, chaque année quelque produit et en seigle ou froment trois ou quatre pour un, elle est dans les meilleures conditions pour être le moins mal exploitée par les petits moyens du petit propriétaire. Bien souvent la terre se refuse à produire chaque année; alors le petit propriétaire divise ses champs en deux, trois, quatre lots; chacun de ces lots est superficiellement labouré à son tour, de sorte que, dans l'année où l'un d'eux a été ensemencé, les autres économisent et sécrètent à leur surface quelques sucs propres aux céréales, tout en produisant spontanément des bruyères et des ajoncs. Ils servent alors de parcours au maigre bétail; puis quand l'année de l'ensemencement arrive, les bruyères sont fauchées ou brûlées et, à la suite des deux ânes ou des deux veaux, la petite charrue fend la terre et couvre la semence. Ainsi ou à peu près pratiquent les Arabes nomades dans les plaines de l'Algérie. Autant que leurs habitudes, l'imperfection de leur travail les oblige à se déplacer sans cesse. La terre de l'Algérie elle-même se lasse de produire quand elle est trop imparfaitement cultivée, tandis que dans les fermes européennes, où la charrue la remue plus profondément, elle donne sans se lasser ses magnifiques récoltes. Ne pouvons-nous pas espérer que nos plateaux, par des amendements, par des labours plus profonds qui feront participer deux ou trois fois plus de terre à la nourriture des plantes, par des cultures améliorantes, arriveront à donner aussi d'abondants produits ? Quelques propriétés grandes et moyennes, disséminées dans ces provinces jusqu'ici infertiles, autorisent à le croire ; mais la petite propriété n'est-elle pas nécessairement exclue de ces espérances de progrès?

La famille qu'elle nourrit vit maigrement, heureuse d'avoir pu se suffire au bout de l'année. En épuisant ses ressources, elle aurait peine souvent à acquérir la nouvelle charrue qui lui serait nécessaire. Mais les grosses bêtes de travail, peut-elle espérer qu'elle disposera jamais d'une somme assez ronde pour les acheter ? et si elle les avait, comment ferait-elle pour les nourrir ? Les bœufs de grande force ne vivraient pas dans la bruyère, et cette bruyère défoncée, que deviendraient les chèvres et les brebis maigres qui font l'argent de la maison? que deviendrait la famille elle-même? car il est probable que la terre neuve amenée à la surface se refuserait souvent à produire durant les premières années. Tandis que le monde agricole s'agite vers le progrès, le pauvre petit propriétaire de ces contrées s'affaisse sous une triple impuissance qui résulte de son ignorance, du manque de ressource pour entreprendre, et plus encore du manque de ressource pour continuer et réussir.

Aussi, si un économiste s'égare sur une de ces routes où les bruyères s'étendent autant que le regard, et croissent invariablement jusqu'auprès de toutes les maisonnettes qu'il rencontre, il se prend à rêver aux prairies et aux épis absents. Connaissant l'impuissance du petit propriétaire, il regrette la grande propriété qui pourrait réaliser des merveilles dans ces contrées, et déjà dans sa pensée il se fait une nécessité de la reconstruire dans de grands intérêts d'alimentation publique, ne songeant pas assez qu'il voudrait par là sacrifier des intérêts encore plus grands et qu'il fausse un peu durement compagnie à son contemporain le petit propriétaire. Car ce sera à peu près à la même époque que l'un et l'autre auront fait irruption dans notre histoire.

Mais passons à l'autre classe toute différente et non moins intéressante de petites propriétés. Épars sur notre territoire dans les plaines fertiles, dans les vallées, sur le penchant des montagnes, des hommes robustes, laborieux, infatigables, probes en général, défoncent, labourent, ensemencent de leurs bras les quelques mesures de terre, plus ou moins étendues, qu'ils ont chèrement et peu à peu acquises dans les alentours de leur demeure. Jusqu'ici encore ils ont multiplié et prospéré par la sobriété, l'économie et l'énergie patiente dans le travail, l'*improbus labor*, qui s'applique à leur honneur à toute une classe de travailleurs de nos campagnes. Leurs instruments sont la pioche, la pelle et la houe. Ainsi armés, ils auraient pu croire, il y a vingt ans, dans les pays où la charrue Dombasle n'avait pas encore pénétré et où les labours profonds étaient leur laborieux privilége, qu'ils marchaient aussi sûrement que lentement et équitablement à la conquête de la terre; et aujourd'hui, par une vicissitude, née des inventions humaines, ayant conservé leur force et leur énergie, ils sont menacés d'impuissance et de ruine.

Ce qui leur coûte le plus, ce qui les met le plus en état d'infériorité vis-à-vis de la moyenne et de la grande propriété, c'est le défoncement à bras de la terre. Courbés sur la pelle ou sur la pioche pendant toutes les intempéries de l'hiver, dans les terrains de consistance moyenne, ils n'ont défoncé à la fin de mars guère plus d'un hectare à une profondeur d'une trentaine de centimètres. En comptant leur journée de 1 fr. 30 à 1 fr. 60, leur travail représente au moins 140 à 150 fr., tandis que le propriétaire plus riche peut faire avec la charrue à peu près le même travail pour 40 à 50 francs; c'est donc une différence d'une centaine de francs contre le petit propriétaire; quel coup porté à sa prospérité!

Aussi, par ce fait de l'économie dans le travail, le propriétaire riche a maintenu les blés au même prix. Le petit propriétaire qui mange à regret la plus grosse part de ce qu'il fait naître, mais qui en vend pourtant quelque peu, ne retire pas du marché plus qu'autrefois, quand beaucoup de choses qui lui sont utiles lui coûtent plus cher. Puis avec les routes et les chemins de fer, les charrues Dombasle qu'il n'aime pas, et il sait bien pourquoi, ne sont pas venues toutes seules, quelques idées de bien-être et de luxe modeste, sans doute, se sont répandues, propagées dans le pays. Si elles ne se sont pas emparées de lui, qui a la tête dure de ce côté, elles se sont emparées de sa femme, de ses filles, de ses garçons. Il faut mieux se vêtir et se chausser, manger quelquefois un pain plus blanc, dans les occasions, après la bouteille traditionnelle, prendre une tasse de café. Tout cela coûte, tout cela coûte horriblement, non pas précisément le liquide quand il faut boire, mais quand il faut payer.

Il entre, sans s'en rendre bien compte encore,

dans une situation difficile et perplexe, il faut l'avouer. Son travail, ses produits restent toujours les mêmes, tandis que par le prix des choses nécessaires ou les exigences du bien-être, les dépenses croissent sans cesse; c'est tout comme si son travail diminuait, ses forces qui le nourrissent s'affaiblissaient, les dépenses restant les mêmes. Il commence une maladie, sans le sentir encore, une maladie dans ce qu'il a de plus cher, dans ce qui donne le pain à ses enfants et facilite leur probité et la sienne, dans sa fortune, sa propriété, et pourtant (tellement est forte sur lui l'influence de l'habitude et de la foi qu'il a que cette bonne terre sa vieille connaissance ne peut manquer de le nourrir) s'il n'a pas assez de travail chez lui pour l'hiver, il n'a qu'une ambition, c'est de trouver chez son voisin plus riche une parcelle de terre à défoncer à titre de colon. Il fait ainsi chez son voisin ce qu'il fait chez lui, c'est-à-dire que les conditions du colonage n'ayant peut-être pas changé depuis cinquante ans, il donne ses journées pour le même prix qu'on les donnait il y a cinquante ans.

Tout cela ne peut durer, parce que tout cela coûte trop cher et rapporte trop peu. L'économiste que nous avons laissé entre les bruyères d'un autre petit propriétaire aura les mêmes conclusions vis-à-vis de celui-ci. Il nous démontrera aisément que dans l'exploitation à bras, la seule possible pour cette petite propriété, il y a dépense de deux ou trois fois plus de force qu'il n'en faudrait, que la société n'a pas de quoi perdre ainsi ses bras précieux qui lui seraient si utiles mieux employés, et que la petite propriété est onéreuse pour le pays. Ce ne seront pourtant pas ces réflexions qui devront le plus nous alarmer. Il y a, en effet, contre le petit propriétaire quelque chose de bien plus décisif que d'être condamné au nom d'un certain intérêt public par la science qui étudie les intérêts matériels du pays, c'est d'être condamné par son impuissance à ne pouvoir plus vivre.

Ce n'est pas seulement, en effet, la charrue à versoir qui ne lui est pas accessible, c'est aussi la machine à battre qui ne se dérange pas généralement de son parcours pour quelques hectolitres de blé, qui doit se louer souvent sans chevaux ni bœufs pour la faire mouvoir, tandis que le petit propriétaire ne dispose pas de bêtes de manége et ne peut que difficilement en trouver. Ce seront, dans quelques années, les faneuses, les faucheuses et les moissonneuses qui réduiront singulièrement la durée du travail et la dépense pour les propriétaires aisés, et qui n'iront aux mains du petit propriétaire qui ne pourrait pas les atteler et n'aurait pas de quoi les occuper une journée, que rarement, par exception, par un fait de condescendance de la part d'un voisin bienveillant. Ces progrès nouveaux ne sont qu'à leur commencement, la terre s'ouvre aux arts mécaniques, tous les travaux de la campagne sont simplifiés peu à peu et facilités, l'agriculture se transforme, seul le petit propriétaire assiste immobile comme un homme d'un autre âge à ces améliorations qui ne semblent pas faites pour lui. Il représente lui le travail agricole par les muscles de l'homme, que pourra-t-il en lutte avec les forces puissantes des machines? surtout au moment où la vapeur va descendre dans l'arène.

L'heure est grave, il faut y songer sérieusement, l'heure est bien grave ou va le devenir. Par l'effet du manque de bétail dont j'ai déjà parlé et d'un esprit d'économie bien entendu, la vapeur va sans doute d'ici à peu de temps prendre sur d'assez larges surfaces possession des grands travaux de la terre. Elle les facilitera, les améliorera, les multipliera, tendra à rendre les produits plus abondants et moins coûteux. On ne peut pas préciser avec certitude tous les avantages spéciaux qu'elle apportera, mais ce qu'on peut dire, c'est qu'elle activera puissamment la révolution agricole qui commence. Si elle est facilement accessible au riche propriétaire seul, ainsi que cela arriverait les choses étant laissées à elles-mêmes, si on ne prend pas soin par quelque organisation prévoyante d'en assurer l'emploi au petit propriétaire, il devra bientôt comprendre, malgré l'obstination de son courage et de son ignorance, que ce qui est immobile ne peut pas lutter avec ce qui progresse; qu'avec ses muscles, ses veaux maigres et sa charrue rudimentaire, il est le représentant d'un autre âge à l'entrée d'une époque où l'invention des machines a décuplé les moyens d'action de l'homme; que dans la lutte agricole il ressemble, lui au batelier antique qui ne sait remonter le courant qu'avec sa rame, tandis que son voisin le riche propriétaire le remontera à pleine vapeur. Et alors, bon gré, mal gré, sentant venir le besoin et la gène, il se défera à un prix ou à un autre de cette chère terre qu'il a arrosée de tant de sueurs, et de sa maison aussi, et il s'en ira à la ville voisine trouver la fortune ou la misère.

Ce sera une rude journée pour lui que celle où il se résoudra à exécuter cette détermination, ce ne sera pas non plus, je pense, une journée heureuse pour notre pays.

Le bon ordre, l'esprit général d'économie qui est une vertu publique, les qualités de notre armée, la probité populaire, cette grande richesse nationale, tiennent par des liens étroits à l'existence de la petite propriété. Je ne veux m'appesantir sur aucun de ces rapports, mais je crois que tout homme qui s'occupe d'intérêt public doit les avoir constamment présents à l'esprit. D'autant plus qu'il est plus exposé à être assailli par la pensée que la petite propriété est incompatible avec cette vérité économique à la fois généreuse et utile : que le travail de l'homme doit être appliqué de manière à être le plus productif et le mieux rétribué. D'autant plus encore que la même raison qui met la petite propriété en suspicion vis-à-vis des calculs et des intérêts de la société, la met en même temps sur la pente où insensiblement elle doit s'éteindre d'elle-même.

Malgré toutes les attaques plus ou moins directes et déjà plus ou moins anciennes dont elle a été l'objet, je pense, en effet, que peu de personnes se lèveront encore pour dire que la petite propriété est un mal dont il faut immédiatement s'occuper de se défaire ; mais je crains que beaucoup, les uns par conviction, les autres par inimitié pour les innovations, seront d'avis de laisser les choses à elles-mêmes. Ils diront : par la loi, le champ du progrès n'est fermé à personne, si la petite propriété ne peut pas s'y maintenir, elle est condamnée par la force des choses, il n'y a qu'à la laisser mourir. Voilà où est le danger. D'abord aussitôt que le mal sera saillant, il faudra bien s'occuper de refaire nos lois équitables et saintes qui veulent que le bien du père soit partagé à peu près également entre les enfants, et qui conspirent avec l'économie du pauvre pour faire le petit propriétaire. Puis à mesure que le mal croîtra, que le petit propriétaire avec sa pioche deviendra de plus en plus faible en opposition avec les machines qui se perfectionneront toujours, par une loi rationnelle la terre se groupera aux mains de ceux qui l'exploiteront plus facilement et avec moins de frais, la moyenne et la grande propriété s'étendront et s'affermiront, nous reviendrons à rebours sur le travail qui s'est fait depuis soixante-dix ans, et une nouvelle aristocratie aussi absurde qu'elle sera devenue nécessaire s'établira sur le sol. Elle n'aura pas besoin de lois pour se maintenir ; le pauvre n'aura plus d'intérêt à travailler pour devenir propriétaire, sa petite terre lui rapporterait trop peu. En bonne administration le grand capitaliste seul pourra devenir acquéreur de biens. Ainsi s'élèverait cependant au-dessus de la foule la bannière du privilége, implacable, comme elle ne l'a jamais été. Il y avait autrefois entre le pauvre et les biens de la terre une barrière, mais par les qualités du pauvre aidées de la fréquente générosité du maître, cette barrière était souvent franchie ; aujourd'hui il n'y aurait pas de générosité d'âme à invoquer et la barrière serait infranchissable si nous la laissions s'élever.

Je crois que ceci mérite de grandes réflexions. Quand le courant des choses nous mène à mal, nous devons le détourner de son lit pour le mettre sur une pente nouvelle. Nous sommes tous imbus, et nos lois en portent plus d'un reflet, de cette idée chrétienne, que les biens de la terre doiven autant que possible et de plus en plus être ouverts à tous; par incurie, faiblesse, lâcheté devant les difficultés, ne nous en laissons pas détourner.

Au reste, je pense qu'il me sera facile de montrer qu'il est utile, pour l'universalité des propriétaires, que l'emploi d'une partie au moins des engins agricoles accumulés par la science et l'industrie leur soit assuré par une organisation prévoyante. Je parlerai seulement ici des charrues à vapeur qui devront devenir l'agent le plus actif et le plus efficace de rénovation et de progrès.

Les charrues à vapeur coûtent au moins, je crois, entre 10 et 15,000 francs. A ce prix encore les plus grands propriétaires pourraient les acheter, et je pense même que les choses étant livrées à elles-mêmes, ceux qui calculent bien ne tarderaient pas à s'en procurer. Quant aux moyens propriétaires, par groupe de voisinage, ils pourraient s'associer. Remarquons d'abord que lorsque l'usage d'une chose ne peut se répandre que par association, elle ne peut guère être considérée comme un objet de commerce ordinaire, et que, d'un autre côté, on ne pourrait soumettre ces sortes d'associations d'agriculteurs aux lois et règlements qui régissent d'autres associations importantes.

Ces associations se multiplieraient, je crois, mais seulement sous la pression de la nécessité, elles seraient lentes à se former, inégales dans leurs conditions, différentes dans leurs visées. Les unes seraient utiles aux travaux du voisinage, les autres le seraient moins, ou ne le seraient pas, les propriétaires appliquant, après s'en être servis pour leurs labours, la locomotive à d'autres genres de travaux. Ces associations seraient disséminées irrégulièrement par l'effet de la pauvreté, ou du manque complet d'entente, ou d'esprit d'entreprise dans certaines localités (situation qui serait une source d'infériorités factices). De plus, généralement elles seraient essentiellement précaires, les associés ne songeant pas à faire masse pour le jour où l'instrument manquerait. De plus encore, les associés représenteraient peut-être un dixième des moyens propriétaires du pays, les autres neuf dixièmes seraient à la merci de leur bon vouloir, de leurs intérêts qui pourraient les tourner vers une autre entreprise, et quelquefois de leur rancune, en même temps que de la solidité de leur machine. Nonobstant toutes ces choses, en somme, des résultats seraient acquis, mais ce n'est que de la certitude que la charrue à vapeur ne manquera pas que naîtront peu à peu toutes les améliorations qu'elle doit produire.

Le propriétaire est un industriel qui produit du blé et de la viande ; pour défoncer son champ il nourrit les bêtes de travail dans son étable, elles sont choisies dures à la fatigue, par là lentes à l'engrais; le propriétaire a dû se résigner à produire moins de viande pour produire plus de blé. Si la charrue à vapeur vient se charger des défoncements, la première pensée du propriétaire instruit sera qu'il peut réformer son étable, engraisser ou même élever des bêtes de races améliorées ; peu de forces lui suffiront maintenant pour donner les légères façons. Il pourra même, comme la laitière de La Fontaine, raisonner tous les profits qu'il tirera de cette opération ; s'il élevait des bœufs qui ne sont venus qu'au bout de cinq ou six ans, il en aura qui seront venus de trois à quatre ; les premiers étaient naturellement maigres, les seconds seront naturellement gras ; il en élevait quatre, sans plus de frais il en élèvera six. Tout cela est vrai au fond. Il y aura un tiers de profit en sus. Si son revenu était augmenté d'un tiers, de quoi ne se croirait pas capable un propriétaire économe. Oui, mais qu'il prenne bien garde que rien ne se casse dans la machine, que le propriétaire n'en dispose pas d'une autre façon, ou pour une raison ou pour une autre ne se brouille pas avec lui ; car alors, adieu les profits et les rêves qui auraient pu devenir des réalités. Vite, bien vite, car il y a tous les ans une moitié ou un tiers de la terre à défoncer, il faut vendre les bêtes oisives et reprendre tant qu'il sera facile d'en trouver les rouges bêtes de l'Auvergne et la charrue de M. de Dombasle.

Pour un propriétaire qui se prendrait à cette tentative, il y en aurait cent qui ne tenteraient pas de peur de s'y prendre. Tant que l'usage des charrues à vapeur ne sera pas assuré au propriétaire, il y aura un grand obstacle et souvent une imprudence à l'extension des races bovines améliorées.

Des associations d'entrepreneurs de labourage en dehors des propriétaires seraient peut-être plus faciles à s'organiser, mais elles auraient tous les inconvénients des premières, et celui-ci de plus, qu'elles devraient probablement faire payer leur travail plus cher. Tout serait à louer pour elles en arrivant dans une commune, magasin de charbon, écurie et logements d'hommes.

Quel serait donc le moyen : 1° de répandre peu à peu et à moins de frais les charrues à vapeur également sur toute la surface du pays, dans toutes les communes pauvres ou riches où elles seraient utiles; 2° d'en assurer l'emploi au plus petit propriétaire qui serait assurément négligé par les spéculations privées, et par là de relever la petite propriété; 3° d'augmenter *pour tous* les produits de la terre en perfectionnant et approfondissant les labours; de remédier à la disette de bœufs de travail, de permettre au propriétaire de peupler désormais son étable de bêtes capables seulement de travaux légers qui pourront être de rapide croissance et particulièrement propres à l'engraissement, et en venant à son secours de venir par là efficacement aussi au secours du consommateur. Ce moyen, je ne sais pas si je le connais, mais je crois qu'il faut qu'il se trouve.

Pour moi, livré à mon appréciation, je me tournerais vers le gouvernement qui a une vraie sollicitude des intérêts économiques du pays, et je lui demanderais de résoudre le problème en se faisant pour quelques années bailleur de fonds. La division par communes me paraît particulièrement favorable à l'espèce d'association que je m'imagine. Ce qu'il faut, à mon avis, c'est une association à laquelle tous les propriétaires concourent proportionnellement pour qu'il y ait un droit d'usage pour tous. Cette association universelle et libre peut être rendue possible. Il ne faut pas oublier que nous sommes trop peu habitués à nous diriger de nous-mêmes vers le bien, pour créer d'un universel accord une amélioration coûteuse. Nous sommes habitués à subir, il faut que nous subissions l'association, qu'elle se présente à nous sous forme d'impôt municipal, ou comme conséquence de service rendu.

Ce deuxième mode de formation me paraît préférable au premier. il est plus facilement réalisable, mais il nécessite l'intervention de l'État pour la création du capital social.

Ainsi l'État pourrait fournir à la commune une charrue à vapeur. La force de la machine serait réglée sur l'étendue et la nature des terres arables. La commune en dehors du maire, pour que l'État n'ait jamais à intervenir dans l'emploi de l'instrument, le louerait au propriétaire aux conditions et tarifs d'un règlement précis. Il ne serait jamais refusé à personne sous aucun prétexte qui n'aurait pas été prévu par le règlement. En général, le peu d'étendue d'un champ n'en devrait pas empêcher le labour; cependant le propriétaire dont le champ serait par trop exigu devrait s'entendre avec le propriétaire voisin qui serait sur le même plan que lui, afin que le défoncement de leur terre pût se faire en même temps. On pourrait louer la machine à vapeur après les travaux de la terre pour des travaux d'intérêt public, par exemple, pour élever de l'eau à la hauteur des villages. Au boutde cinq à quinzeans, la commune, en général, aurait remboursé l'État et commencé la création d'un capital propre sur lequel elle porterait toute sa sollicitude, car par lui elle entretiendrait la féconde machine et au besoin en achèterait une nouvelle. Une fois ce capital propre acquis, l'entreprise serait menée à bonne fin, l'association formée et hors de danger, le propriétaire riche pourrait sans inquiétude transformer ses étables, et la petite propriété en sécurité reprendre son lent et laborieux accroissement.

Que faut-il pour que cette œuvre se réalise sur toute la surface du pays ? Il faut trois choses :

1° Que les chemins de fer portent partout les charbons à bon marché ;

2° Que le bon état des chemins vicinaux permette les transports de la machine sur tous les points de la commune ;

3° Que l'œuvre soit entreprise avec la volonté persistante nécessaire à toutes les améliorations.

Je sais qu'il ne faut pas compter sur une réalisation immédiate et de longtemps générale ; je comprends que la réalisation générale ne peut s'obtenir que par des entreprises partielles annuellement accumulées, je comprends encore que dans toute difficulté on doit se donner le temps de ne rien précipiter, mais je comprends en même temps qu'on n'a jamais assez de temps pour s'autoriser à en perdre.

Le gouvernement justement préoccupé des intérêts de l'agriculture, a promis à un grand nombre de communes de leur fournir les fonds nécessaires pour l'exploitation de leurs communaux. Comment les défrichements des communaux pourront-ils se réaliser dans les pays incultes où les bras manquent, où les bestiaux sont quelquefois rares ou bien de force insuffisante, pour les grands travaux? Ne sera-ce pas la charrue à vapeur qui devra offrir pour cette réalisation, le moyen le plus façile, le plus économique et quelquefois le seul possible à moins de dépenses énormes? Si cela paraissait ainsi au gouvernement, ne pourrait-il, au lieu d'avancer des fonds, avancer à chacune des communes une charrue à vapeur avec charge pour elles de la prêter à tout propriétaire qui en ferait la demande?

Ne pourrait-on pas commencer ainsi avec tout avantage un essai des associations communales? Je pense que, dès la première année, on pourrait essayer sur un assez grand nombre de communes prises dans les diverses parties de la France, en recommandant et précisant à tous les propriétaires peu instruits les soins à prendre et les amendements à porter, autant que possible, dans chacune des terres nouvellement défrichées. Puis il faudrait attendre le résultat, non pas avec la confiance qu'on aurait un succès rapide, mais un succès lent et, avec le temps, fécond en bienfaits.

Je ne veux pas finir sans faire encore une observation. Il y a de grandes plaintes sur la dépopulation des campagnes : s'est-on bien rendu compte de toutes les influences qui la causent et n'a-t-on pas négligé la principale?

Il est clair cependant qu'à mesure que le petit propriétaire est plus gêné, un plus grand nombre des membres de sa famille vont vers les grands centres manufacturiers ou les grandes villes trouver, s'ils le peuvent, une rétribution plus satisfaisante ? On a proposé des remèdes impossibles ou anodins; le mal ne peut qu'augmenter. Du jour où le paysan n'aura plus l'attrait de son lopin de terre, en même temps que le besoin, le goût irrésistible de l'émigration s'emparera de lui. De là découleront peu à peu deux situations grosses de malaises l'une et l'autre. Celle de la grande propriété qui, avec ses moyens puissants d'exploitation, pourra triompher de bien des difficultés, mais qui par le fait même de l'émigration du petit propriétaire ne pourra plus opérer de la même manière le recrutement de ses domestiques. D'un autre côté, surtout celle du paysan, et de la société qui recevra au milieu des tentations des centres manufacturiers et des grandes villes cet homme ignorant et simple, habitué à la grande et innocente paix de la nature. Nous aurons des villes immenses, et dans ces villes ne devons-nous pas craindre que, comme chez nous déjà, comme en Angleterre surtout, nous aurons des masses compactes livrées aux misères et aux dégradations, que nous aurons aussi notre question du paupérisme qui sera un danger pour la société, au même degré qu'elle sera une honte pour la civilisation?

En sauvant la petite propriété, nous ne nuirons pas aux intérêts industriels ; les bras restant davantage dans les campagnes, les industries d'elles-mêmes se répandront dans les campagnes, les prix y seront moins élevés, le travail plus fort, l'aisance plus grande, la santé meilleure, l'homme plus moral. Les industries qui s'y répandront avec le plus d'avantage seront les fabriques de sucre, les raffineries, les distilleries, les féculeries, industries agricoles, et aussi toutes les industries diverses qui sans inconvénient pourront ralentir leurs travaux pendant trois ou quatre mois de l'été. Les travaux à bras de l'hiver étant remplacés pour le petit propriétaire par les labours de la charrue, il pourra aussi dans cette saison spécialement s'employer aux travaux de réparation ou d'entretien des routes devenues plus nombreuses, des chemins de fer et toutes propriétés publiques.

Voudra-t-on bien prendre en considération toutes ces réflexions et les appuyer dans ce qu'elles paraîtront avoir de fondé ? Quant à moi, il me semble qu'après soixante-dix ans d'épreuve, ayant fait les progrès qu'elle comportait, la situation agricole de la France commence d'enseigner une chose au monde, c'est que l'égalité ne peut pas prospérer toute seule, qu'il lui faut dans l'ordre matériel un lien d'association, comme dans l'ordre moral un lien de fraternité. Et je ne pourrais me lasser d'admirer cette profonde nécessité des choses qui, dans cette question agricole, vient aussi poser son alternative à l'homme libre de son choix. D'un côté l'incurie, l'insouciance du mal qui vient, le laisser-faire égoïste, et là aussi bientôt l'affaissement et le mal, de l'autre la sollicitude du bien, les idées généreuses, l'innovation avec ses embarras et ses difficultés, et là aussi le progrès. D'un, côté une nouvelle aristocratie terrienne, une aristocratie qui n'aurait besoin ni d'épée, ni de caractère, mais d'engins d'exploitation ; de l'autre, un système ou un autre d'association qui serait un moyen de salut pour le petit propriétaire et un bienfait pour tous. La nécessité intelligente est là qui déjà nous regarde et qui va bientôt nous dire : Il faut choisir.

Imprimé par Charles Noblet, rue Soufflot, 18.

www.ingramcontent.com/pod-product-compliance
Ingram Content Group UK Ltd.
Pitfield, Milton Keynes, MK11 3LW, UK
UKHW021031260726
13994UKWH00005B/2083

9 782329 418544